Shinnie の拼布禮物

Shinnie◎著

40 件為你訂製
的安心手作

Shinnie

網路作家
巧手易雜誌連載專欄作者

著作

2009 年《Shinnie 的布童話》（首翊出版）
2011 年《Shinnie 的手作兔樂園》（首翊出版）
2013 年《Shinnie 的精靈異想世界》（首翊出版）
2016 年《Shinnie の手作生活布調：27 件可愛感滿點の
　　　　貼布縫小物 Collection》（雅書堂文化出版）
2017 年《Shinnie の貼布縫童話日常》（雅書堂文化出版）
2021 年《Shinnie の拼布禮物》（雅書堂文化出版）

經營

Shinnie's Quilt House：台北市永康街 23 巷 14 號 1 樓
部落格：http://blog.xuite.net/shinnieshouse/twblog
粉絲頁：https://www.facebook.com/ShinniesQuiltHouse
購物網：http://www.shinniequilt.com/

最好的禮物

我喜歡「禮物」這個名詞，

它可以帶給我們，

對未來──有正面，幸福，溫暖，

更多期待的想像空間。

想想，一年有那麼多的節日，

能讓我們在平凡無奇的日子裡，

多點驚喜，這是多棒的事啊！

知道嗎？

要讓人印象深刻的方式，

就是比別人多費點心思，

若是記得周圍親朋好友的生日，

在生日的那天，

獻上一句祝福語，再加碼送上手作禮，

相信收到的親朋好友，一定銘感在心。

2020 年

因為 COVID-19 疫情的關係，

對每個人的生活日常、求學、工作，

或多或少都造成了影響，

生活上的不便利，

人與人之間的距離拉開，

不知何時才會結束的一場瘟疫，

讓大家的身心飽受煎熬，

無論世界如何變化，

我們，就以手作溫暖大家的心吧！

為你而作的，

為妳而作的，

每一個拼布禮物，

也都是，

為自己而作的，最好的禮物♥

Just for you

Present 1

Just for you
為你而作的
拼布禮物。

Contents

 Present 2

Let's talk about…
療心時光

Present 3

How to make
一起動手作禮物吧！

★附錄兩大張原寸紙型

Present

1

為你而作的拼布禮物

因為熱愛拼布，

所以拿起針線，

在創作時的每一件作品，

都是縫著心意及快樂的。

親手而製的手作，

都是

獨一無二的禮物。

送給你，也送給自己。

願你安好，祝我開心。

Just for you

Just for you

我愛布卡片

好想念，在暖陽下，
一起散著步的日子。
摘一朵小花送給你：
我的朋友，一切安好。

01
荷蘭の國王節

02
馬來西亞の國慶日

03
放天燈

04
母親節

HOW TO MAKE／P. 89　　紙型／C面

Dear my friend

05　防疫小兔口罩

06　守護天使口罩

安心

閉上眼睛，讓心安定，
播點喜歡的音樂，
整理心裡的空間，
你就是
自己的守護天使。

HOW TO MAKE／P. 90　　紙型／A面

我心中的小蝴蝶

將希望擁入於心，
不起眼的毛蟲，
也能長成美麗的蝴蝶。

我們
會在晴朗的季節，
微笑遇見，翩然共舞。

07 舞蝶女孩口罩收納套

Fly away

HOW TO MAKE／P. 92至P. 93　　紙型／A面

08

寵物雞女孩隨身瓶套

我喜歡的日常

陪寵物玩；在家作菜，
偶爾發呆，寫寫日記。
送給自己最好的禮物，
就是
把時間；
揮霍在我喜歡的日常。

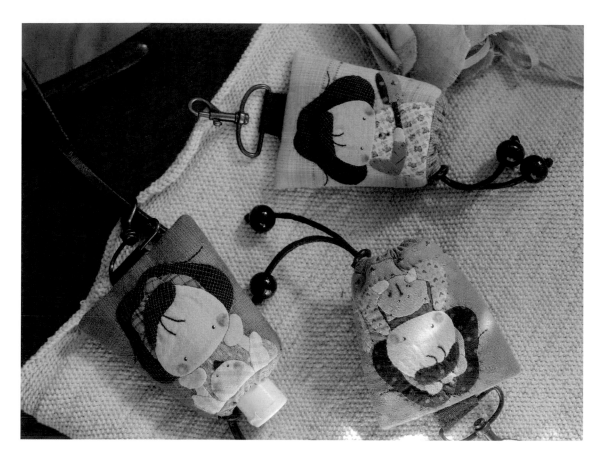

HOW TO MAKE／P. 84至P. 85　　紙型／A面

09
逗小貓女孩隨身瓶套

HOW TO MAKE／P. 84至P. 85　　紙型／A面

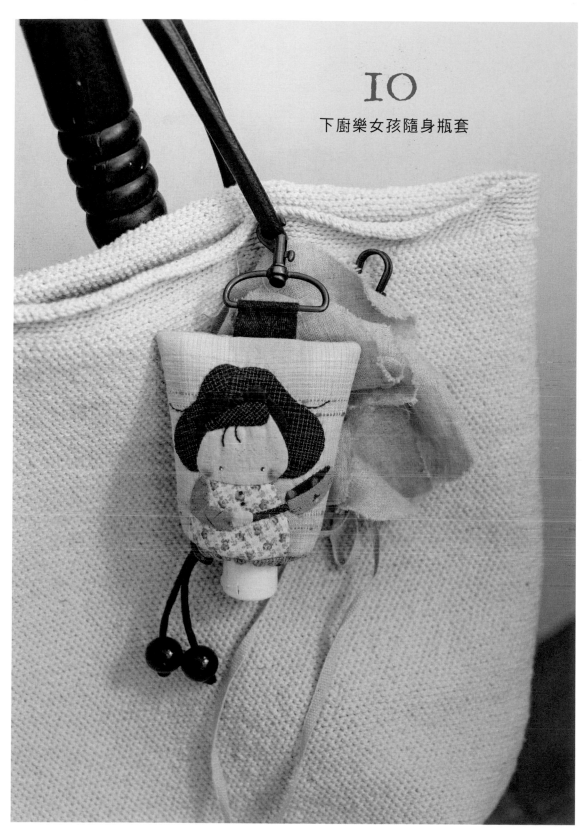

IO
下廚樂女孩隨身瓶套

HOW TO MAKE／P. 84至P. 85　　紙型／A面

II

蝸牛女孩丸型口金包

慢活的快樂

待在家的日子，
不妨，
就將步調放慢，
沿途欣賞，
活在當下的風景。

在家蹓躂，
也是一種，慢活的快樂。

Slow living

12
田園女孩丸型口金包

HOW TO MAKE／P. 86至P. 87　　紙型／A面

童年

還記得嗎？
小時候的我們，
在田間玩耍，在河邊嬉鬧，
在那些被快樂填滿的日子，
也不知不覺的，一起長大。

I3

捕蝶女孩胖胖提包

HOW TO MAKE／P. 94至P. 95　紙型／C・D面

Our childhood memories

好天氣

穿上漂亮的雨靴，
帶上喜歡的雨傘，
下雨天，
也要很可愛！
保持好心情，
每一天都是好天氣。

14

雨天女孩隨身小包

I love rainy day

HOW TO MAKE／P. 108至P. 109　　紙型／B面

小森林的夢

有天我夢見，
在森林裡擁抱芬多精，
倚靠著大樹，
自在地呼吸。
與我的小雞朋友們，
悠閒地度了個下午。

自由的空氣最棒了！

15

小森林的夢側背包

HOW TO MAKE／P. 104至P. 105　　紙型／D面

A Midsummer Night's Dream

雲朵漂漂側背包

棉花糖的天空

沮喪的時候，抬起頭，
瞧瞧天空上的雲朵，
像是一顆一顆的糖，
輕輕柔柔的安慰我：
「甜食，是能讓人瞬間快樂的寶物喔！

Magic hour

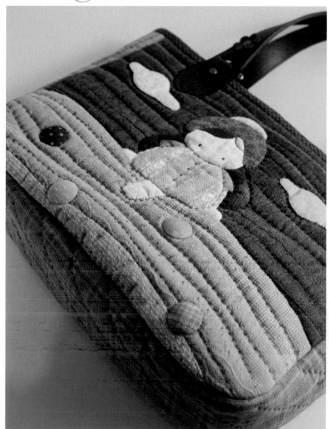
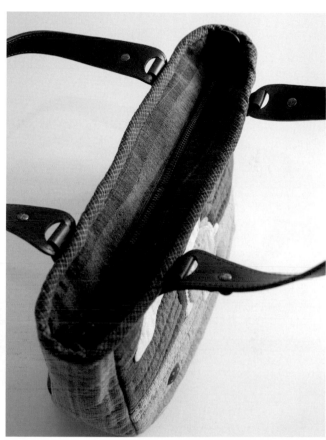

HOW TO MAKE／P. 104至P. 105　紙型／D面

蔬活

不出門，宅在家！
拼布人的安心料理，
就把蔬果，
注入在日常生活。
手作蔬果，蔬果手作，
嗯，有益身心健康！

pumpkin

Mushroom

I7

拔蘿蔔零錢包

I8

南瓜屋零錢包

I9

蘑菇樹零錢包

 HOW TO MAKE／P. 106至P. 107 紙型／B面

手作情書

用心製作的禮物，
每一針、每一線，
都牢牢鑲著，
手作人們的祝福。

為你，為妳，
而作的禮物，
是最棒的情書。

21
告白氣球

20
春日情書隨身小包

Love Letter

HOW TO MAKE／P. 96至P. 98　　紙型／B・D面

甜蜜隨身

你迷戀
加了珍珠的奶茶，
我最愛
調味的抹茶牛乳，
讓習慣隨身攜帶，
記得彼此的喜歡。

23
抹茶小姐環保杯套

22
珍珠小姐環保杯套

📖 HOW TO MAKE／P. 110至P. 111　　✂ 紙型／B面

家寵

有時候，
只是和你
一起賴在家裡，
不作什麼，也很好。

我的寵物，
就是家人，
最貼身，也最貼心。

HOW TO MAKE／P. 80至P. 82　　紙型／A面

24
小熊抱抱貼身包

Pet lover

遛狗女孩貼身包

📖 HOW TO MAKE／P. 80至P.82   ✂ 紙型／A面

晚安

每一天，
能跟珍惜的人，
說聲晚安，
再安心地入睡，
是最幸福的事。

Good night, Good day!

26

晚安好夢眼罩

📋 HOW TO MAKE／P. 91　　✂ 紙型／B面

享受日常

宅在家，
和寵物一起追劇發呆；
不出門，
也要穿上喜歡的裙子；
或者只是，
單純的揀一束花，
送給一直很努力的自己。

享受日常，其實很簡單。

兔寶寶女孩化妝包 **27**

Living the Life

HOW TO MAKE／P. 102至P. 103　　紙型／B面

28

女孩的小洋裝化妝包

HOW TO MAKE／P. 102至P. 103　　紙型／B面

📗 HOW TO MAKE／P. 102至P. 103　✂ 紙型／B面

29
捧花女孩化妝包
Love Letter

在有星星的夜晚，
把心中的目標，
列成一張清單。

帶來幸運的鴿子
悄悄地對我説：
懷抱希望的人，
永遠閃閃發光。

兩面圖案不同的雙拉鍊包，鴿子與瓢蟲，哪一面都可愛！

30

許願女孩雙拉鍊側背包

HOW TO MAKE／P. 112至P.113　　紙型／D面

喜歡自己

我最想要的風格，
就是
堅持自己的喜歡。
作自己，
永遠都不會褪流行。

31
大頭貼女孩零錢包

Be myself

HOW TO MAKE／P. 114至P.115　　紙型／B面

32
園藝女孩環保餐具包

33
家事女孩環保餐具包

家事

每一天都早起
為心愛的植栽澆澆水；
作作家事，烤烤蛋糕，
懂得生活，享受日常，
在家，也能是一件好玩的事。

HOW TO MAKE／P. 83　　紙型／A面

給親愛的室友

我在星期日的晨間，
格外早起，
作了份美味的點心。

只是想這樣悠閒的
與你一起
分享咖啡，
消磨時光，
窩在一起，真好！

34
愛的小窩零錢包

Breakfast time

HOW TO MAKE／P. 116至P. 117　　紙型／B面

35

野餐女孩胖胖提包

晴朗的心

即使是
烏雲密布的日子，
我也會，
沖杯熱茶，帶上花籃，
到附近的小公園野餐。

讓心保持晴朗，
那是曬乾憂愁，
找回快樂的好方法。

Let's go on a picnic.

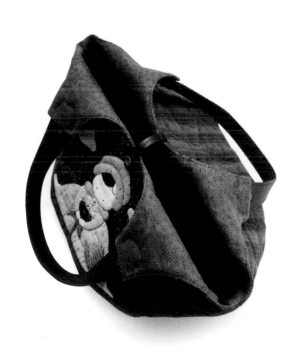

HOW TO MAKE／P.94至P.95　紙型／B・C面

Special present for you.

送入心坎

不需要華麗的包裝，
也不必
特別是昂貴的物品。

能夠送入心坎的禮，
是，只有為你。
以時間填滿的心意。

37 為你摘心袋中袋小物包

兔兔的禮物袋中袋小物包

36

HOW TO MAKE／P.76至P.79　　紙型／A面

問候

致親愛的朋友：
「好久不見，過得好嗎？」
我總是默默地
在心裡問候著。

不同階段，
遇見的好朋友，
都是生命中的禮物。

真心希望
你們，我們，
都能好好的。

熊與貓麻吉萬用包

HOW TO MAKE／P.99至P.101　　紙型／B面

漂亮生活

今天喜歡穿裙子，
明天愛上牛仔褲。
化妝的方法與髮型，
也要搭配心情改變。

每一天的我，
都是新的自己。
活得漂亮，漂亮生活。

39
百變女孩提式筆袋

Life is so good.

HOW TO MAKE／P.118至P.119　　紙型／D面

美好的總和

我把四季的節日，
放進拼布了。

當你收到它，
就會想起，
那些我們共度時，
一起開心的慶祝。

名為回憶的禮物，
是最美好的總和。

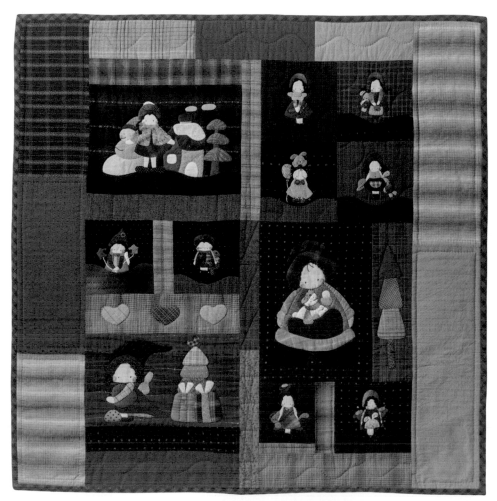

40 禮物壁飾
Good times

🧵 HOW TO MAKE／P.120至P.121 ✂ 紙型／C面

療心時光

宅在家，
忽然多出來的時間，
是最好的療心時光，
我以圖像，
書寫著，
關於手作人的日常。

Let's talk about...

療心時光
Let's talk about...

早安，Shinnie 的一天，
開始囉！
今天是晴天，心情暖洋洋，
期待這一天，是好的開始。

平時的園藝照護，
是 Shinnie 媽的日常。
能在自家小庭院拈花，
惹草，澆澆水，
是我的小小確幸。

帶了一杯咖啡，
走進工作室，
這是我一日動力的來源！

宅在家的時光，
買菜，為家人作飯，
好好地坐下來，聚在一起吃飯，
是幸福的互相取暖。

中午時間，我總會抽個空去市場逛逛！順便吃午餐。我的工作室位於熱鬧的永康街，平時走在路上，彷彿置身在國外（哈哈），因為周圍都是觀光客，他們的交談聲，總讓人產生錯覺，可惜受到疫情影響，街道冷清了許多，真希望儘快能夠恢復榮景。我常去的市場，離工作室不遠，傳統小吃百吃不膩，大家有空不妨到永康街巡禮一下吧！每每去市場，總是滿載而歸呢！

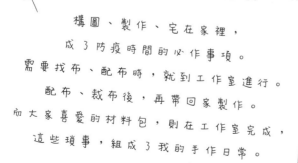

構圖、製作、宅在家裡，

成了防疫時間的必作事項。

需要找布、配布時，就到工作室進行。

配布、裁布後，再帶回家製作。

而大家喜愛的材料包，則在工作室完成，

這些瑣事，組成了我的手作日常。

療心時光
Let's talk about…

我的工作時間不長，打混的時間比較多（哈哈），
製作拼布需要定心，所以每天能固定心思三小時，
就能得到不錯的成果。

下午總是無法專心，因為想回家了，
有時我會坐在工作室的小庭院翻翻書，找靈感。

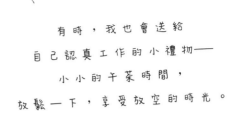

有時，我也會送給
自己認真工作的小禮物——
小小的午茶時間，
放鬆一下，享受放空的時光。

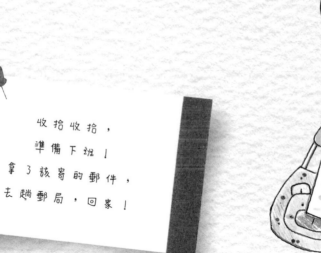

收拾收拾，
準備下班！
拿了該寄的郵件，
去趟郵局，回家！

How to make

基礎縫法

縫份小叮嚀

● 作法中用到的數字單位為cm。

● 拼布作品的尺寸會因為布料種類、壓線的多寡、鋪棉厚度及縫製者的手感而略有不同。

● 貼布縫布片縫份約留尺寸：內摺縫份約留0.3cm，重疊覆蓋縫份約留0.5～1cm。

● 拼接布片縫份約留尺寸：0.7cm～1.5cm（鋪棉作品因後製壓線作業，會導致表布尺寸縮小，所以外框縫份需約留1.5cm，壓線完成後，再對合一次紙型，將組合縫份裁至0.7cm～1cm，視作品大小。）

● 部分作品紙型圖案已含0.7cm滾邊縫份，表布請多留0.7cm防止壓線後布縮縫份。

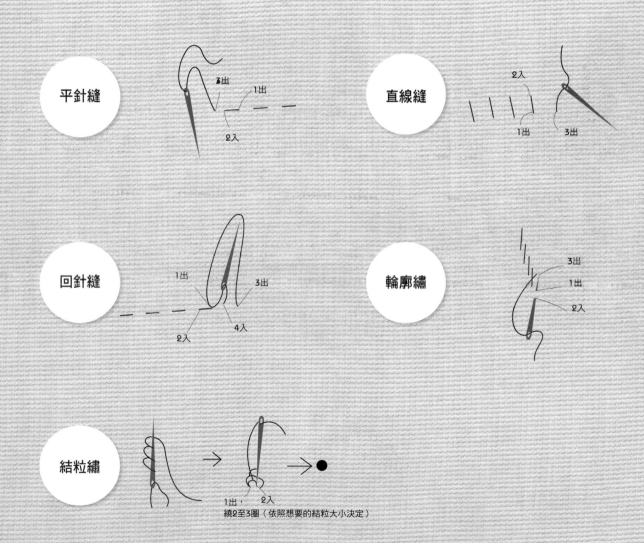

平針縫

直線縫

回針縫

輪廓繡

結粒繡

繞2至3圈（依照想要的結粒大小決定）

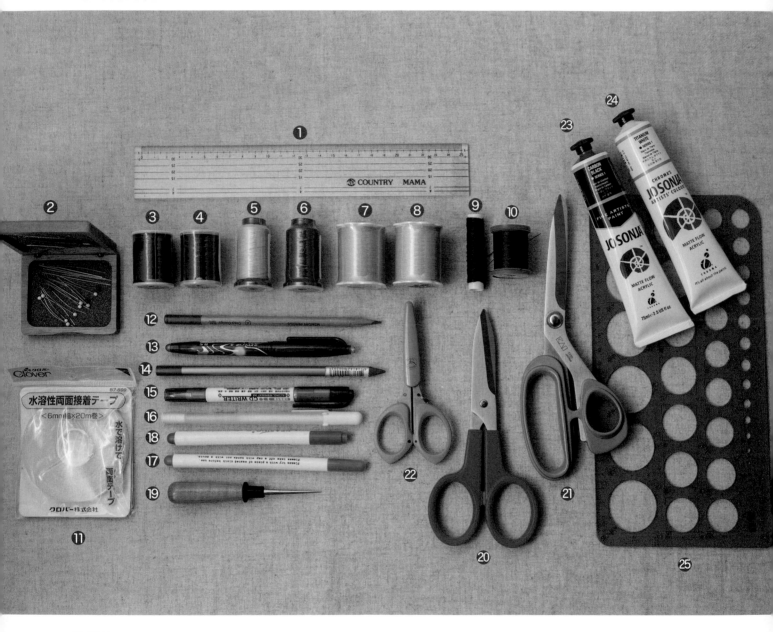

❶ 直尺
❷ 磁針盒
❸❹ 車縫線
❺❻ 貼布縫線
❼❽ 壓布縫線

❾ 繡線
❿ 皮革線
⓫ 布用雙面膠帶
⓬⓮ 畫娃娃腮紅筆
⓭ 熱消筆

⓯ 壓克力鉛字筆
⓰ 白色記號線筆
⓱ 水消筆（細）
⓲ 水消筆（粗）
⓳ 錐子（點畫娃娃眼睛用）

⓴ 裁布剪刀
㉑ 鋸齒剪刀
㉒ 剪紙剪刀
㉓㉔ 娃娃點睛壓克力顏料
㉕ 壓線型板

常用
布料

❶ 先染布　❷ 棉布　❸ 鋪棉　❹ 布襯　❺ 胚布

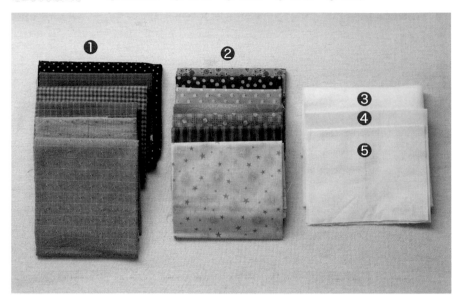

常用
五金材料

❶ 各色古銅拉鍊　　❷ 多款毛線（娃娃用頭髮）
❸ 常用8.5cm半圓口金　❹ 造型小釦子（用於裝飾、吊飾）

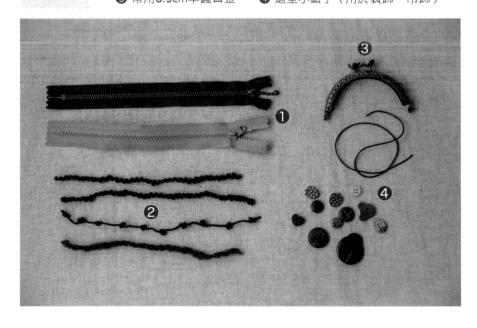

為你摘心袋中袋小物包

✗ P.56

完成尺寸：15cm×11cm

how to make ···

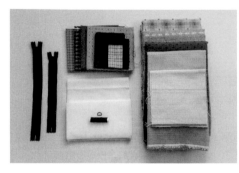

材料

- 表布 3 片（a 至 c）
- 貼布縫配色布 9 片
- 滾邊布 1 片
- 釦耳布 1 片
- 鋪棉 1 片
- 裡布 1 片
- 拉鍊 18cm、23cm 各 1 條
- 繡線（咖啡色）
- 小 D 形環 1 個
- 拉鍊裝飾釦 1 組

sewing point

★紙型已含滾邊縫份，拼接布片及貼布縫布片縫份需外加。

貼布縫基礎製作

1 將貼布縫圖案紙型外框描繪在表布上。

2 將貼布縫圖案紙型一一剪開。

3 將圖案紙型一一描繪在貼布縫布片上。

4 縫份留 0.3cm 後，剪下貼布縫布片。

5 依貼布縫順序進行圖案貼布縫。

6 未摺入貼布縫部分請以平針縫縫合固定在表布上。

7 如圖完成單一布片貼布縫。

8 貼布縫布片轉摺處需剪牙口,再進行貼布縫。

9 依貼布縫順序一一完成圖案貼布縫。

10 重疊貼布縫,可單獨在布片上完成。

11 再將布片以貼布縫縫在表布上。

12 圖案貼布縫慢慢成形。

13 完成表布圖案貼布縫。

臉部表情製作

14 以回針繡完成瀏海。

15 以尖錐沾上黑色顏料,依圖示位置點上眼睛。

16 黑眼珠點睛完成。

17 沾上白色顏料，在黑眼珠上點上白點。

18 以紅色色鉛筆以畫圈方式，將娃娃臉部圈上腮紅。

表布製作

19 娃娃繡圖、點睛完成。

20 拼接表布布片。

21 表布+鋪棉+裡布三層燙合完成表布A。

滾邊&組合

22 表布A完成壓線。

23 裁剪小D形環耳布4.5cm×4cm 1片。

24 左右各內摺1cm。

25 再對摺成1cm條狀。

26 壓一道0.1cm裝飾線

27 穿入小D形環。

28 依圖示釦耳布位置，開口向上暫時固定在表布Ａ上。

29 裁滾邊布條。

30 完成0.7cm滾邊縫製。

31 裡布畫上折返記號線，表布對摺正面相對，沿折返記號縫合一道。

32 找出拉鍊縫製位置，以珠針固定拉鍊。

33 將拉鍊布邊縫份內摺進行縫製。

34 袋中袋共有2條拉鍊，將短拉鍊縫在表布滾邊上，長拉鍊縫在裡布滾邊上。

35 短拉鍊縫製位置。

36 正面翻出。

37 依圖示捲針縫位置，完成捲針縫。

38 為你摘心袋中袋小物包即完成。

24

紙型 A 面

小熊抱抱貼身包
× P.38

完成尺寸：12cm×14cm×2cm（底寬）

how to make ···

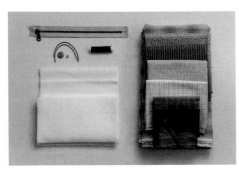

材料
- 表布 2 片（前、後片）
- 側片布 1 片
- 貼布縫配色布 8 片
- 鋪棉 1 片
- 裡布（含內滾邊布條）1 片
- 20cm 拉鍊 1 條
- 繡線（咖啡色）
- 拉鍊裝飾釦組 1 組

sewing point
★紙型為原寸，縫份請外加。

〈 表布製作 〉

1 參考P.76基礎貼布縫製作，完成前片表布圖案。

2 前、後表布＋鋪棉＋胚布三層壓線完成。

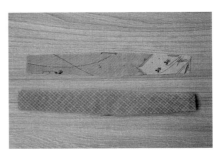

3 裁剪側片表布、裡布、鋪棉，將鋪棉疏縫暫時固定於表布上。

〈 接合拉鍊 & 側身 〉

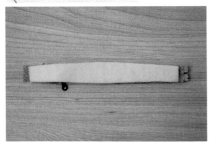

4 拉鍊與側身布正面相對，拉鍊背面對合裡布正面，單邊對齊車合0.7cm，另一側相同作法接合。

5 翻至正面，成一圈狀。

6 側身布＋鋪棉＋裡布三層燙合，畫出中心線並壓線完成。

7 準備壓線完成的前片、後片、側片，組合成袋。

8 取前表布與拉鍊側片布，正面相對，中心點對中心點縫合整圈（0.7cm縫份），後片表布作法與前片表布相同。

9 組合完成。

滾邊 & 完成

10 裁剪裡布滾邊布條（布寬3.5cm），將滾邊縫份內摺0.7cm，以藏針縫完成內包邊處理。

11 裡袋包邊完成。

12 小熊抱抱貼身包即完成。

拉鍊吊飾製作

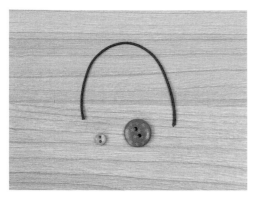

材料
- 鬆緊細繩
- 釦子（依個人喜好準備）

1 將細繩對摺，以雙線固定。

2 先縫上大木釦。

3 另一邊縫上小立釦。

4 吊飾完成。

5 穿入拉鍊頭。

6 拉鍊吊飾完成。

32 園藝女孩環保餐具包
✗ P.50

紙型 A 面

完成尺寸：9.5cm × 20.5cm

how to make ·······

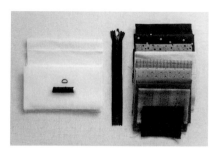

sewing point

★紙型為原寸，縫份請外加。

材料
- 前、後表布 2 片
- 配色布 10 片
- 鋪棉 1 片
- 胚布 1 片
- 裡布 1 片
- 布襯 1 片
- 繡線（咖啡色）
- 拉鍊吊飾 1 組
- 20cm 拉鍊 1 條

表布製作

1 參考P.76基礎貼布縫製作，完成前片表布圖案貼布縫。前、後表布分別＋鋪棉＋胚布三層壓線完成。

2 前、後裡布燙上布襯。（布襯不留縫份）

接合拉鍊

3 前、後表布及前、後裡布正面相對，縫合袋身至返口記號線。

4 從返口處將正面翻出，以藏針縫縫合返口。

5 前、後片表袋找出拉鍊位置縫上拉鍊。

6 以強力夾固定袋身。

7 以捲針縫縫合至拉鍊起止點。

8 園藝女孩環保餐具包即完成。

08 寵物雞女孩隨身瓶套
✗ P.16

紙型 A 面

完成尺寸：8.5cm×10cm

how to make ·····································

材料
- 表布 2 片（前片、後片）
- 貼布縫配色布 6 片
- 口布 1 片
- 鋪棉 1 片
- 胚布 1 片
- 裡布 1 片
- 布襯 1 片
- 繡線（咖啡色）
- 問號勾 1 個
- 4cm 織帶（掛耳布）1 片
- 30cm 皮繩 1 條
- 束口彈簧 1 個
- 木珠 2 顆

sewing point
★紙型為原寸，縫份請外加。

表布製作

口布製作

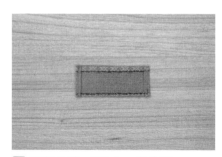

1 參考P.76基礎貼布縫製作，完成前片表布圖案貼布縫。前、後表布分別＋鋪棉（鋪棉不留縫份）＋胚布三層壓線完成。前、後裡布燙上布襯（布襯不留縫份）。

2 口布兩側各內摺0.5cm再內摺0.5cm。

3 兩端各壓一道0.1cm裝飾線。

掛耳製作

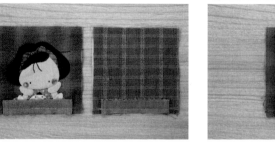

4 口布正面的樣子。

5 口布對摺開口向下，分別貼齊前、後表布下緣，疏縫固定。

6 取掛耳布（織帶）對摺穿入問號勾，開口向上，貼齊前表布上緣，疏縫固定。

7 表布與裡布正面相對，下緣接合完成。

8 前表布攤開成整片。

9 後表布攤開成整片

10 前表布與後表布正面相對，裡布亦正面相對，以ㄇ字形組合成袋，裡布一側不縫合作為返口。

11 從返口將正面翻出。

12 縫合返口，裡袋置入表袋中。

穿繩製作

13 口布穿入皮繩（左至右或右至左都可以）

14 皮繩再穿入束口彈簧中，拉出後，分別穿入木珠，小孔朝外，大孔朝內，分別打結，寵物雞女孩隨身瓶套即完成。

II 蝸牛女孩丸型口金包

紙型 A 面

× P.20

完成尺寸：10cm×9cm×5.5cm（底寬）

how to make

材料
- 表布 3 片（前、後、底）
- 貼布縫配色布 7 片
- 鋪棉 1 片
- 胚布 1 片

- 裡布 1 片
- 布襯 1 片
- 8.5cm 口金 1 個
- 繡線（咖啡色）

sewing point
★紙型為原寸，縫份請外加。

表布製作

1 參考P.76基礎貼布縫製作，完成前片表布圖案貼布縫。

2 前、後、底表布分別＋鋪棉（鋪棉不留縫份）＋胚布三層壓線完成，前、後、底裡布燙上布襯（布襯不留縫份）。

3 表布及裡布正面相對，縫合袋身至返口記號線。

準備組合

4 從返口處將正面翻出，以藏針縫縫合返口。

5 前袋、後袋、袋底分別單獨完成。

6 畫出袋底中心點，以捲針縫組合。

7 丸型口金包組合完成。

8 口金與袋口找出中心點。

9 進行口金縫製。

10 以回針縫方式縫製口金,裡布呈現
點出點進的針目。

11 蝸牛女孩丸型口金包即完成。

Shinnie の手作小課堂

經常在作品中使用的拉鍊口布，只要學會就能運用在各種袋型；
依圖案設計所需的娃娃頭髮，只要簡單幾個步驟就能完成，
跟著Shinnie一起快樂學習吧！

how to make ····································

①

拉鍊貼上雙面膠帶、
表布、裡布分別燙上布襯。

②

兩側縫份對摺再對摺。

③

撕下雙面膠帶。

④

將表布及裡布黏貼固定在拉鍊上。

⑤

夾車拉鍊，縫份0.7cm。

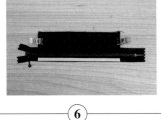

⑥

翻至正面。

⑦

車縫ㄇ字形固定，
拉鍊口布即完成。

娃娃頭髮製作

①

依作品所需尺寸，
準備娃娃毛線頭髮。

②

以珠針將娃娃頭髮
暫時固定在適當位置。

③

以平針縫將娃娃頭髮固定。

④

娃娃頭髮縫製完成。

★原寸紙型 C 面

P.09　我愛布卡片

完成尺寸：15cm×15cm

材料

- 表布
- 各色貼布縫用布
- 後背布
- 鋪棉
- 滾邊布
- 繡線（咖啡色、米白色）
- 娃娃毛線頭髮

how to make ···

縫份說明：請參考P.73縫份小叮嚀。
- 娃娃頭髮縫製作法參考 P.88

1 依原寸紙型裁剪表布及各色貼布縫用布，表布依圖示貼布縫順序完成表布圖案貼布縫。

2 表布＋鋪棉＋後背布三層壓線，貼布縫圖案部分進行落針壓線，其餘壓斜紋，依圖示完成繡圖及娃娃頭髮縫製。

後背布

鋪棉

3 完成0.7cm滾邊縫製，布卡片即完成。

06

★原寸紙型 A 面

P.12　守護天使口罩

完成尺寸：12cm×16cm

材料
- 表布 1 片
- 貼布縫配色布 6 片
- 裡布 1 片
- 繡線（咖啡色）
- 25cm 鬆緊帶 2 條

h𝚘w to m𝚊ke ....

縫份說明：紙型為原寸，縫份請外加。

---

1 依紙型裁剪表布a、b各一片，裡布a、b各一片及貼布縫用布，表布a依圖示完成圖案貼布縫及繡圖。

表布a

2 表布a、b弧度處先接合，縫份剪牙口，裡布a、b接合作法與表布相同。

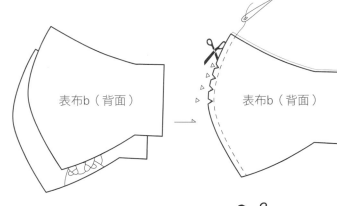

表布b（背面）　→　表布b（背面）

3 表布及裡布單獨接合攤開成片後，正面相對，縫合一圈至返口，弧度轉折處需剪牙口。

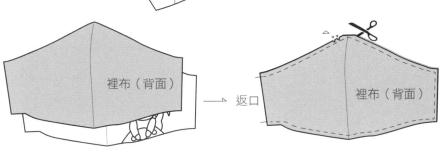

裡布（背面）　返口　裡布（背面）

4 從返口將正面翻出，並縫合返口，口罩兩端分別往內摺入1.5cm，以藏針縫固定，將鬆緊帶穿入並打結，口罩即完成。

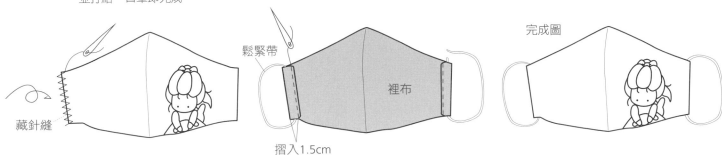

藏針縫

鬆緊帶

摺入1.5cm

裡布

完成圖

P.40　晚安好夢眼罩

完成尺寸：19cm×8.5cm

材料

- 表布 1 片
- 貼布縫配色布 8 片
- 鋪棉 1 片
- 裡布 1 片
- 滾邊布 1 片
- 繡線（咖啡色）
- 20cm 鬆緊帶 2 條

★原寸紙型 B 面

h~ow~ to m~ake~ ···

縫份說明：紙型已含0.7cm滾邊縫份，貼布縫布片縫份請外加。

1 依紙型裁剪表布及各色貼布縫用布，表布依圖示完成圖案貼布縫。

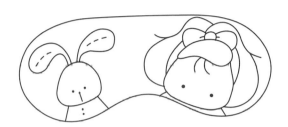

2 表布＋鋪棉＋裡布進行三層壓線，貼布縫圖案全圖落針壓線，並依圖示完成繡圖。

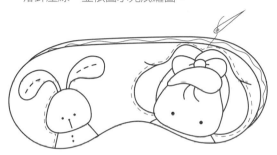

3 取2條鬆緊帶分別對摺，裡布畫出兩端中心點，將鬆緊帶以回針縫固定在左右兩端中心點。

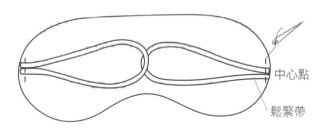

中心點

鬆緊帶

4 進行0.7cm滾邊縫製即完成。

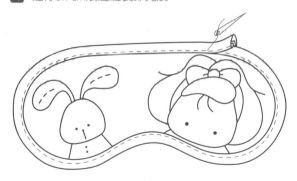

完成圖

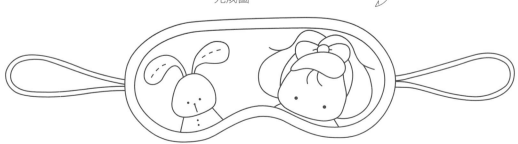

07

★原寸紙型 A 面

P.14　舞蝶女孩口罩收納套

完成尺寸：12cm×12.7cm

材料

- 表布 3 片（a、b、c）
- 貼布配色布 10 片
- 釦耳布 1 片
- 鋪棉 1 片、裡布 1 片
- 布襯（12cm×8cm1 片）
- 滾邊布 1 片、布繩布 1 片
- 繡線（咖啡色）
- 小 D 形環 2 個
- 問號勾 2 個
- 鉚釘 2 組
- 四角磁釦 1 組

h~ow~ to m~ake~ ·

縫份說明：紙型已含滾邊縫份，貼布縫布片及拼接布片縫份需外加。

1 依原寸紙型裁剪表布a、b、c
及各色貼布縫用布，將表布a
完成圖案貼布縫。

※表布a、b相同尺寸。

2 裁剪表布c，尺寸：12.7cm×17.5cm，布襯尺寸：12cm×8cm，將表布c燙摺
成12.7cm×8.7cm，單邊燙上布襯，拼接處縫份不加襯，開口向下，上緣壓
一道0.1cm裝飾線。

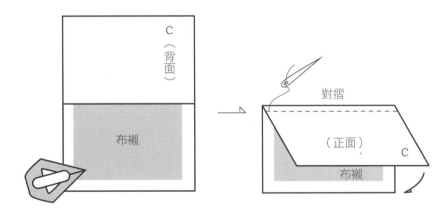

3 依圖示將表布c（開口向下）固定在表布b上，與
貼布縫完成的表布a，拼接成完整表布A。

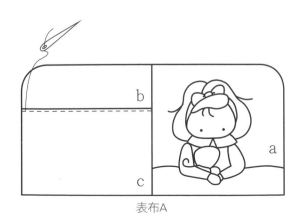

表布A

4 表布A＋鋪棉＋裡布三層壓線，貼布縫圖案全圖落針壓
線，其餘壓直紋、橫紋、斜紋或圓形，依圖示完成繡
圖。

表布A

5 釦耳布製作，裁剪釦耳布3cm×4cm 2片，左右各內摺1cm再對摺成1cm條狀，開口壓一道0.1cm裝飾線，釦耳布完成（尺寸：3cm×1cm 2片），將釦耳布穿入小D形環，依圖示釦耳布位置（有2處），開口向上暫固定在表布上。

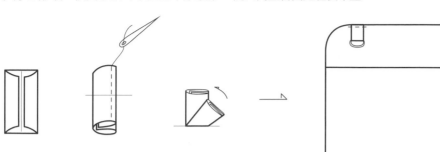

6 先完成ㄇ字型0.7cm滾邊縫製，將表布A對摺（正面向外），下緣完成0.7cm滾邊縫製，滾邊頭尾需預留1cm內摺包邊（內摺包邊作法請參考P.101步驟8）縫製，裡布畫上磁釦位置記號線，縫上四角磁釦。

表布A

7 製作布繩，裁布繩（斜布條）105cm×4cm，左右內摺再對摺成1cm條狀，開口壓一道0.1cm裝飾線，布繩條穿入問號勾中，縫份內摺，釘上鉚釘及布繩即完成。

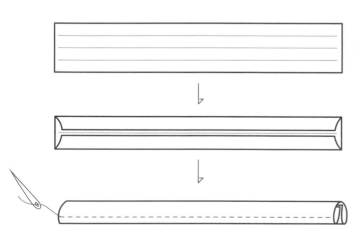

完成圖

P.22 捕蝶女孩胖胖提包

完成尺寸：30cm×44cm×12cm（底寬）

材料

- 前表布 a 1 片
- 前表布 b（貼布 23）1 片
- 後表布 1 片
- 袋底布 1 片
- 配色布 14 片
- 裡布 1 片
- 胚布 1 片
- 布襯 1 片
- 娃娃頭髮 1 條
- 造型釦子 2 顆
- 繡線（咖啡色）
- 小花皮釦 1 組
- 提把 1 組

13

★原寸紙型 C・D 面

how to make ·······································

縫份說明：紙型為原寸，縫份請外加。

1 依紙型裁剪表布前、後、袋底（縫份請外加）。前表布a、b依貼布縫順序完成表布圖案貼布縫。

2 表布（前、後、袋底）分別＋鋪棉（不留縫份）＋胚布三層壓線，貼布縫圖案全圖落針壓線，其餘區塊可壓菱格、圓形或條紋，再依圖示完成繡圖，縫上造型釦及娃娃頭髮。

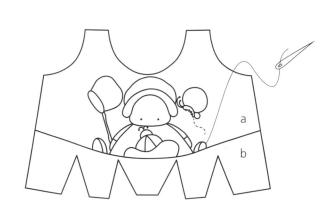

鋪棉

胚布

3 依紙型裁剪裡布（前、後、袋底）及布襯（不留縫份），裡布燙上布襯。

4 表布（前、後片）將打褶處畫上記號線，並打上褶子，燙好布襯的裡布作法相同。

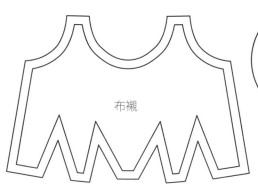

布襯

布襯

5 將前、後表布與橢圓袋底組合成袋，裡袋作法相同。組合成袋時，裡袋側邊需留返口
10cm不縫合，表袋套入裡袋中（正面相對），袋口沿縫份記號線縫合一圈，轉彎有弧度
處均需剪牙口，再從裡袋預留的返口處將袋身正面翻出，並整燙袋型。

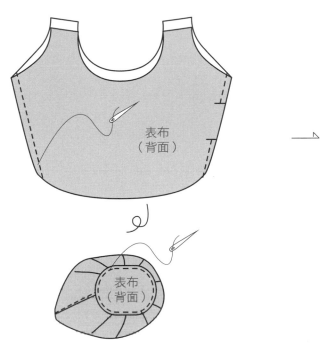

表布
（背面）

表布
（背面）

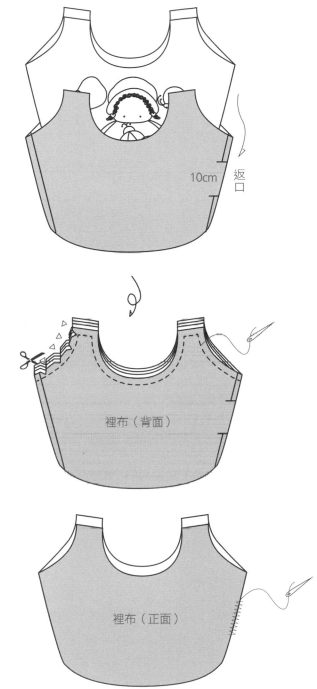

10cm 返口

裡布（背面）

裡布（正面）

6 找出袋身中心點，縫上小花皮釦，將預留的裡袋
返口處以藏針縫縫合，口緣壓上0.2cm裝飾線，縫
上提把即完成。

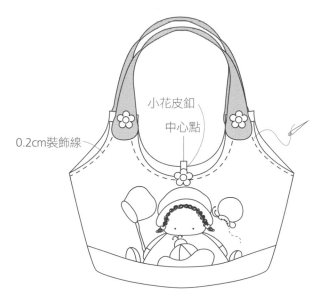

小花皮釦

中心點

0.2cm裝飾線

P.34　告白汽球隨身小包

完成尺寸：10.5cm×8cm×5cm（底寬）

21

材料

- 表布 3 片（a、b、c）
- 貼布縫配色布 7 片
- 襯布 1 片
- 滾邊布 1 片
- 鋪棉（含襯布用棉）1 片
- 胚布 1 片
- 裡布 1 片
- 布襯 1 片
- 繡線（咖啡色）
- 12cm 拉鍊 1 條
- 拉鍊裝飾鈕組 1 組
- 珠子（黑色）2 顆

★原寸紙型 D 面

how to make ·······

縫份說明：紙型已含滾邊縫份，拼接布片及貼布縫布片縫份需外加。

1 依原寸紙型裁剪表布a、b、c及各色貼布用布（縫份均需外加），表布a依貼布縫順序完成圖案貼布縫，與表布b、c接合成整片為表布A。

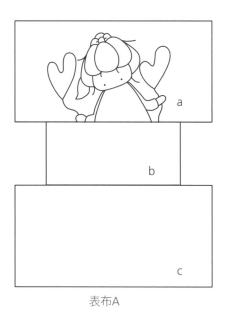

表布A

2 表布A＋鋪棉（依鋪棉紙型裁剪不留縫份）＋胚布三層壓線，貼布縫圖案全圖進行落針壓線，其餘可依個人喜好壓直紋、橫紋或圓形，並依圖示完成繡圖、縫上小黑珠，壓線完成後，請對合紙型，表袋兩側縫合，再縫合底角。

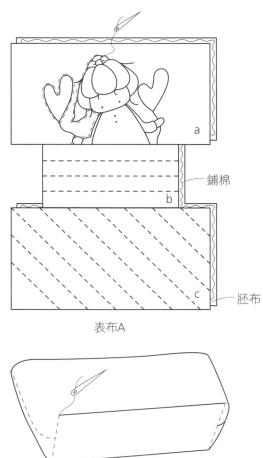

鋪棉

胚布

表布A

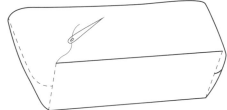

3 裁剪裡布（縫份外留）及布襯（依紙型裁剪布襯，不含縫份），裡布燙上布襯。
※裡布紙型尺寸與表布A相同。

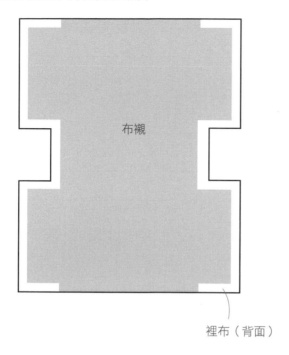

布襯

裡布（背面）

4 依圖示裁剪襠布2片（縫份外加）及襠布用棉1片（不留縫份），襠布2片正面相對與鋪棉（鋪棉可先疏縫固定於襠布背面）一起縫合上、下緣，從側邊翻出正面，整燙後，完成襠布。

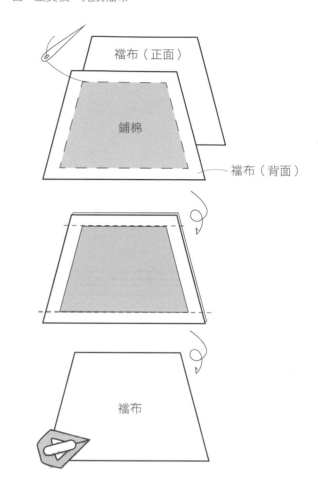

襠布（正面）

鋪棉

襠布（背面）

襠布

5 將襠布（上窄下寬）放置在裡布側身襠布位置，縫合兩側，再縫合底角，襠布即固定於裡布。

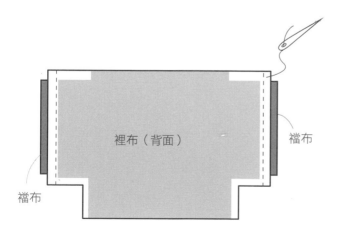

襠布

裡布（背面）

襠布

裡袋

6 組合裡袋與表袋正面相對，側邊對齊，縫份攤開，縫合0.7cm×5cm的凵字型，兩側作法相同。

7 凵字型轉角剪牙口，將正面翻出，整燙後，上緣開口處（表袋＋裡袋）疏縫固定。

裡袋（正面）

表袋（背面）

表袋（背面）

8 製作提把：裁剪滾邊布43cm×4cm×1片，布襯20cm×2cm×1片，滾邊布畫出中心點，將布襯置中燙上。

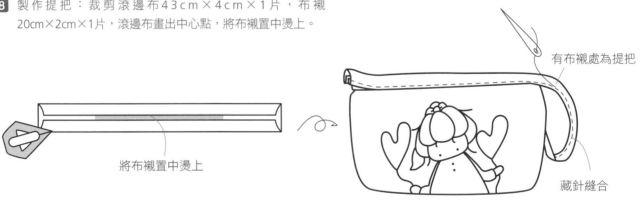

將布襯置中燙上

有布襯處為提把

藏針縫合

9 縫製滾邊，滾邊頭尾後預留1cm內摺包邊用，再縫合滾邊，有布襯處為提把，請先燙摺，將縫份內摺，以藏針縫縫合。

10 拉鍊前、後端取裝飾釦縫上組合，作為裝飾用，即完成作品。

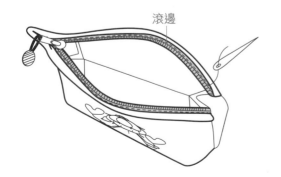

滾邊

P.58 熊與貓麻吉萬用包

完成尺寸：13.5cm×11cm

38

★原寸紙型 B 面

材料
- 底布（袋蓋 b、袋身 c、袋底 a、拉鍊口袋布 d）4 片
- 貼布縫配色布 7 片
- 滾邊布 1 片
- 鋪棉 1 片
- 裡布 1 片
- 12cm 拉鍊 2 條
- 磁釦 1 組
- 繡線（咖啡色）
- 小魚吊飾（自製）

how to *make* ··························

縫份說明：紙型為原寸，滾邊縫份已含，拼接布片及貼布縫布片縫份需外加。

1 依紙型裁剪表布 a（尺寸：13.5cm×21.8cm）2 片，依紙型裁剪 b（尺寸：11.8cm×4.5cm，縫份請外加）、c（尺寸：13.5cm×7.7cm）、d（尺寸：13.5cm×8cm）表布及各色貼布縫用布，b、c、d 表布依圖示完成圖案貼布縫。

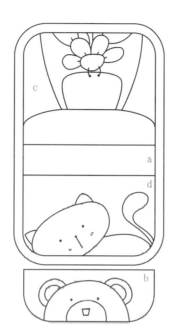

2 表布 a（袋身）＋鋪棉＋表布 a（袋身），三層壓線（壓條紋或圓形圖）。

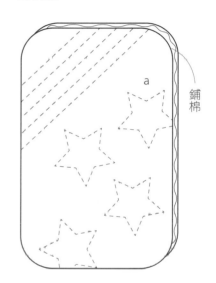

3 表布 b（縫份請外加 0.7cm），表布 b 與裡布 b 正面相對，裡布 b 背面放置鋪棉，利用縫份與鋪棉疏縫固定，上緣不縫合，縫合 ∪ 字型，弧度處剪牙口，將正面翻出，整燙後成袋蓋（完成尺寸：11.8cm×5.2cm），並完成圖案落針壓線。

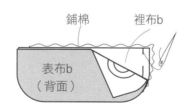

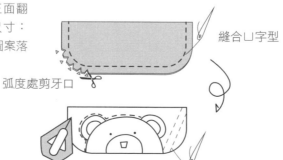

4 表布c（上緣縫份請外加0.7cm），表布c與裡布c正面相對，裡布c背面放置鋪棉，利用縫份處與鋪棉疏縫固定，縫合上緣，弧度處剪牙口，翻至正面，整燙後成袋身（完成尺寸：13.5cm×7.7cm），完成圖案落針壓線及繡圖。

5 表布d（尺寸：13.5cm×8cm，含滾邊縫份）＋鋪棉＋裡布，三層壓線，上緣完成0.7cm滾邊縫製，依圖形落針壓線並完成繡圖。

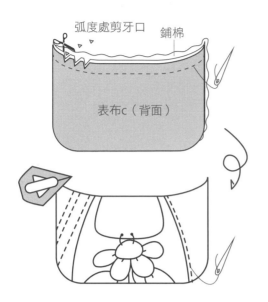

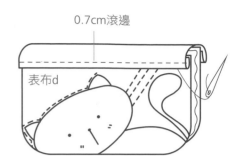

6 將整片袋身表布a（已鋪棉，並壓線完成），對裁一半，裁剪後尺寸：13.5cm×10.9cm 2片。先將一片表布a與表布d完成拉鍊縫製，再將表布b、c以疏縫固定於另一片表布a上，縫上磁釦。

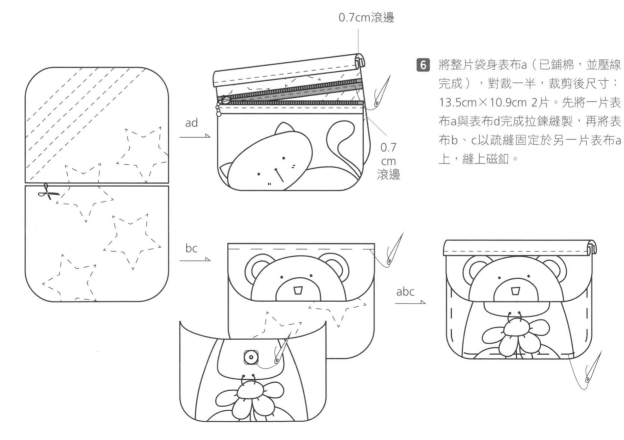

7 兩片表布a上緣分別單獨完成0.7cm
滾邊，並縫上拉鍊。

8 完成拉鍊縫製的兩片表布 a 背面相
對，周圍疏縫一圈，並進行0.7cm
滾邊包邊縫製，滾邊頭尾先預留
1cm內摺包邊縫製，完成滾邊。

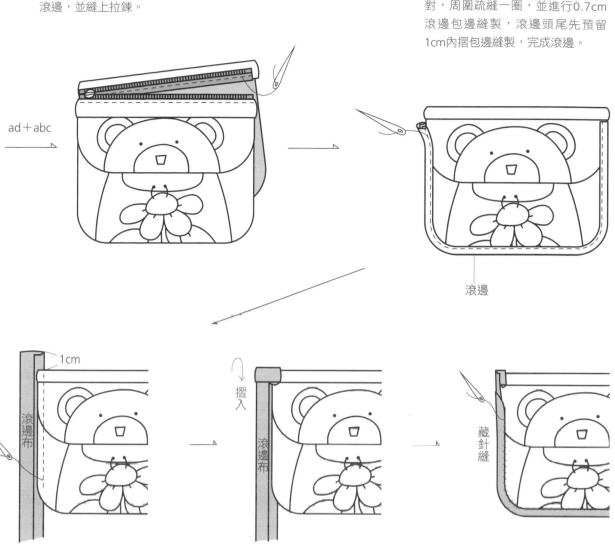

ad＋abc

滾邊

9 製作吊飾，穿入拉鍊珠頭內即完成。

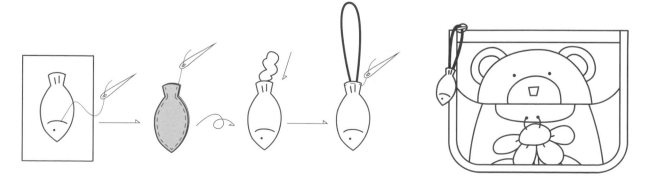

P.42　兔寶寶女孩化妝包

完成尺寸：20 cm×12.5 cm×約5 cm（底寬）

材料

- 表布 3 片（前、後、側片）
- 貼布配色布 9 片
- 滾邊布 1 片
- 鋪棉 1 片
- 胚布 1 片
- 裡布 1 片
- 布襯 1 片
- 25cm 拉鍊 1 條
- 繡線（咖啡色）
- 娃娃頭髮 1 條
- 拉鍊裝飾繩 1 組
- 小釦子 2 顆

★原寸紙型 B 面

how to make -

縫份說明：紙型已含滾邊縫份，拼接布片及貼布縫布片，縫份需外加。

1 依紙型裁剪表布（前、後、側片）及各色貼布用布，並依圖示貼布縫順序進行貼布縫，完成後，前、後表布拼接成一整片表布A。

2 表布A＋鋪棉（不留縫份）＋胚布進行三層壓線，圖形部分完成落針壓線，其餘部份可依個人喜好壓直紋或橫紋或菱格，並依圖示完成繡圖，縫上娃娃頭髮及造型釦。

3 側片表布2片分別燙上鋪棉（不留縫份）及胚布，完成壓線。

4 依紙型裁剪裡布及布襯（不留縫份），裡布燙上布襯。

5 表布A與兩片已完成壓線的側片表布組合成袋。已燙
上布襯的裡布作法與表袋相同，組合成袋。

6 表袋完成滾邊縫製，縫上拉鍊。

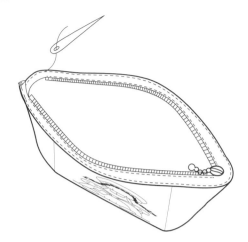

7 裡袋套入表袋，縫份內摺固定於拉鍊。

裡袋

6 將裝飾繩摺雙，縫上兩顆木釦，穿入拉鍊珠頭內，即
完成可愛小吊飾。

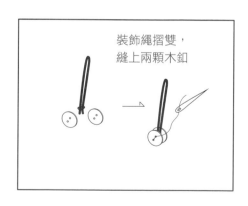

裝飾繩摺雙，
縫上兩顆木釦

小吊飾

P.26　小森林的夢側背包

完成尺寸：22.5cm×30cm×10cm（最寬）

材料

- 前片表布 1 片
- 後片表布 1 片
- 側片表布 1 片
- 貼布縫配色布 14 片
- 鋪棉 1 片
- 胚布 1 片
- 裡布 1 片
- 布襯 1 片
- 滾邊 1 片
- 繡線（咖啡色）
- 造型釦 1 顆
- 30cm 拉鍊 1 條
- 提把 1 組
- 拉鍊皮片 2 個

★原寸紙型 D 面

h_{ow} to m_{ake} ·

縫份說明：紙型為原寸，縫份請外加。

1 依紙型裁剪前、後（尺寸與前片相同）、側片表布，依圖示貼布縫順序完成前表布圖案貼布縫。

2 前片、後片、側身分別（各表布＋鋪棉＋胚布）三層壓線，貼布縫圖案進行落針壓線，其餘可依個人喜好壓圓形、菱格、直紋或橫紋，並依圖示完成繡圖，縫上造型釦。

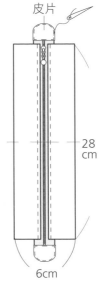

3 依紙型裁剪前、後、側片的裡布及布襯（不留縫份），裡布燙上布襯。

布襯

布襯

4 裁剪口布表布（表布、裡布相同布料）及布襯，裁剪表、裡布尺寸：30 cm×4 cm 4片（已含縫份）。布襯尺寸：28 cm×2.5 cm 4片。口布完成尺寸：28 cm ×6 cm（含拉鍊1 cm寬度）將表布及裡布分別燙上布襯，夾車拉鍊，完成拉鍊口布，拉鍊前後分別縫上皮片裝飾。

★拉鍊口布製作請參考P.88。

皮片

28 cm

6cm

5 分別將表袋及裡袋組合完成，表袋完成後，單邊完成 0.7 cm整圈滾邊，另一邊暫不縫合。

6 裡袋套入表袋中，疏縫一圈暫時固定，找出袋身中心點將口布固定於裡袋上，整圈口緣車合一圈，並完成另一滾邊縫合。

7 依圖示找出提把縫製位置，縫上提把即完成。

小提醒　組合袋身時，記得側片與前、後片結合要從中心點往左右兩邊縫製喔！

P.30　拔蘿蔔零錢包

完成尺寸：18cm×10cm

材料

- 前、後片表布 1 片
- 配色布 9 片
- 蘿蔔梗表布 1 片
- 鋪棉 1 片、胚布 1 片
- 裡布 1 片
- 布襯 1 片
- 繡線（咖啡色）
- 釦子 2 顆
- 娃娃頭髮 1 條
- 15 cm 拉鍊 1 條

17

★原寸紙型 B 面

h_{ow} to m${a}$ke ....

縫份說明：紙型為原寸，縫份請外加。

1 依紙型裁剪前、後片表布，前片表布依貼布縫順序完成圖案貼布縫。

2 依紙型裁剪蘿蔔梗表布、鋪棉、裡布、胚布各2片（縫份請外加）。

3 表布前、後片分別＋鋪棉（不留縫份）＋胚布，三層壓線（前片可依圖示落針壓線，後片可壓圓形或直線），前片表布依圖示完成繡圖、縫上造型釦及娃娃頭髮。

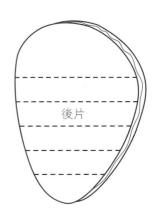

後片

4 依紙型裁剪前、後片裡布及布襯，裡布燙上布襯（裡布縫份請外加，布襯不留縫份）。

5 鋪棉壓線完成的前、後片表布與燙襯完成的前、後片裡布，分別（前片表布與前片裡布）正面相對，縫合一圈，需留5cm返口不縫合（返口位置可留在梗的位置處），修剪縫份後，將表布正面翻出，以藏針縫縫合返口，後片作法與前片相同，請各自完成前、後片表袋。

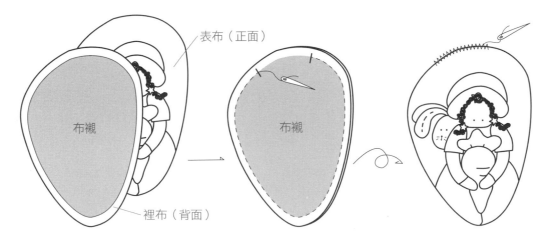

表布（正面）

布襯

裡布（背面）

布襯

6 製作蘿蔔梗：前、後片表布（請個別製作）＋棉＋
胚布（縫份請外加），再依紙型裁剪裡布（縫份請
外加），並與表布正面相對縫合一圈，需留2.5cm～
3cm作為返口處不縫合，修剪縫份後，從預留的返
口處將正面翻出，縫合返口，正面壓0.3cm裝飾線一
圈，梗便完成，前、後片作法相同。

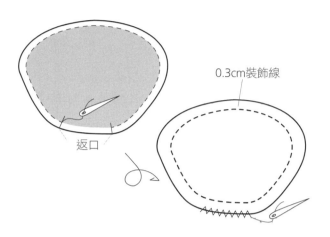

0.3cm裝飾線

返口

7 組合表袋：將單獨完成的前、後片表布找出拉鍊位
置，並縫上拉鍊，表袋正面相對以捲針縫縫合至拉鍊
止點，完成袋身。

（主體）

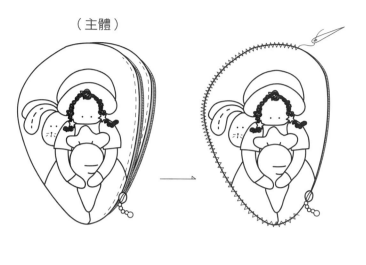

8 將完成的蘿蔔梗2片正面相對，以捲針縫縫合至止
點，翻至正面。

（梗）

捲針縫

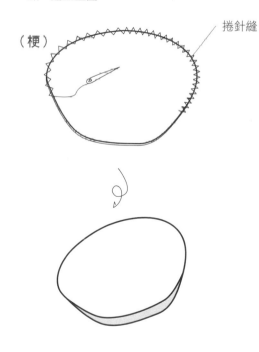

9 開口處以藏針縫將蘿蔔梗固定於表袋（前、後片）即
完成。

藏針縫

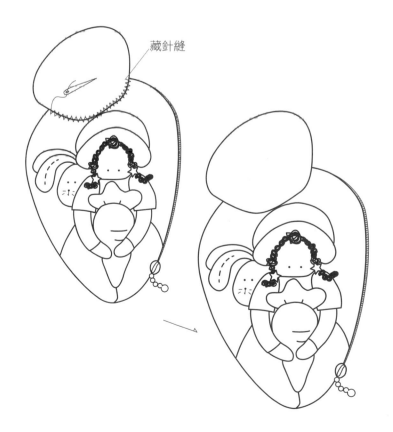

P.24　雨天女孩隨身小包

完成尺寸：16cm×8cm×5cm（底寬）

材料

- 表布 3 片（a、b、c）
- 貼布配色布 8 片
- 滾邊布 1 片
- 鋪棉 1 片
- 胚布 1 片
- 裡布 1 片
- 布襯 1 片
- 繡線（咖啡色）
- 20cm 拉鍊 1 條
- 透明小珠子 7 顆

★原寸紙型 B 面

h_{ow} to make ·······························

縫份說明：紙型已含滾邊縫份，拼接布片及貼布縫布片縫份請外加。

1 依原寸紙型裁剪表布a、b、c及各色貼布縫用布（縫份均需外加），表布a依貼布縫順序完成圖案貼布縫，與表布b、c接合成一整片為表布A。

2 表布A＋鋪棉（不留縫份）＋胚布三層壓線，貼布縫圖案全圖落針壓線，其餘可依個人喜好壓直紋、橫紋或圓形，依圖示完成繡圖，並縫上透明小珠子。

表布A

— 胚布
— 鋪棉

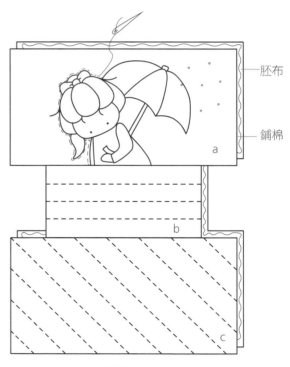

表布A

3 兩側縫合，並縫合底角，組合成袋。

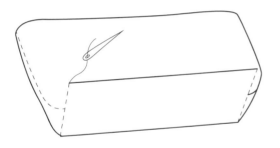

4 裁剪裡布及布襯（不留縫份），裡布燙上布襯，兩側
縫合，縫合底角組合成裡袋。

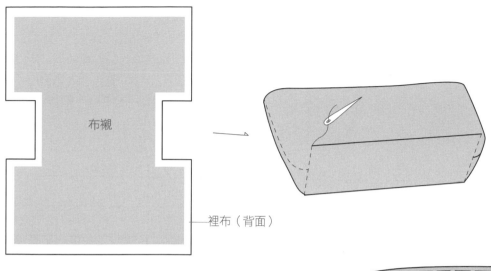

布襯

裡布（背面）

5 表袋完成0.7cm滾邊縫製，縫上拉鍊（由左至右）。將
裡袋置入表袋，縫份內摺固定於拉鍊上，作品即完成。

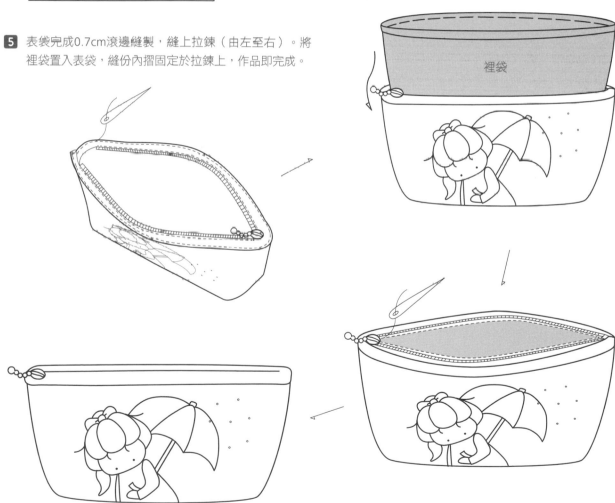

裡袋

22

P.36 珍珠小姐環保杯套

完成尺寸：13cm×7.5cm

材料

- 表布（前、後片）1 片
- 貼布縫配色布 7 片
- 裡布 1 片
- 繡線（咖啡色）
- 提帶布 42cm×4cm 1 條

h_{ow} to make ··

縫份說明：紙型為原寸，縫份請外加。

1 依紙型裁剪表布前、後各一片，裡布前、後各一片及
貼布縫用布，縫份需外加，前表布依圖示完成圖案貼
布縫及繡圖。

2 表布前、後片的下緣縫份向上內摺，正面相對，兩側
縫合，裡布作法相同。

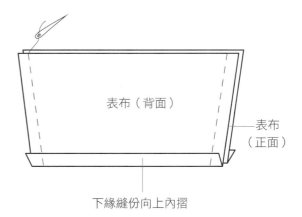

表布（背面）

表布（正面）

下緣縫份向上內摺

裡布

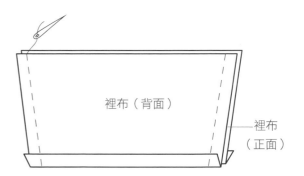

裡布（背面）

裡布（正面）

3 製作布製提帶，裁布條42cm×4cm1條，左右各內摺1cm再對摺成1cm，壓一道0.1cm裝飾線，即完成1cm提帶。

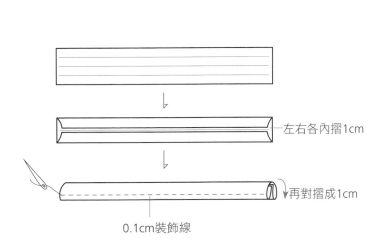

左右各內摺1cm

再對摺成1cm

0.1cm裝飾線

4 製作完成的提帶，兩端朝上，固定在表袋正面兩側中心點位置。

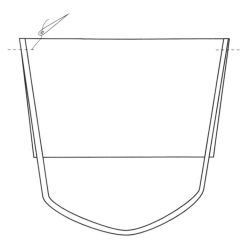

5 裡袋與表袋正面相對，上緣縫合整圈，再從下緣將正面翻出。

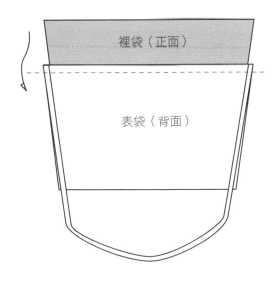

裡袋（正面）

表袋（背面）

6 以藏針縫縫合下緣整圈（亦可以平針車縫整圈），提式環保杯套即完成。

藏針縫

P.46 許願女孩雙拉鍊側背包

完成尺寸：19cm×17cm×5cm（底寬）

材料

- 表布 1 片（前、後片）
- 側片布 1 片
- 貼布縫配色布 11 片
- 鋪棉 1 片
- 裡布（含內滾邊布條）1 片
- 襯布 1 片
- 25cm 拉鍊 2 條
- 繡線（咖啡色、米白色）
- 拉鍊吊飾 2 條
- D 形環皮片 2 個

★原寸紙型 D 面

how to make ···

縫份說明：紙型為原寸，縫份請外加。

1 依紙型裁剪表布（前、後片）及各色貼布縫布片（縫份外加），再依圖示貼布縫順序完成前表布圖案貼布縫。

2 依紙型裁剪中間襯布表布2片、鋪棉1片，縫份外加0.7cm，表布＋鋪棉＋表布三層燙成中間襯布備用。依紙型裁剪側身布表布2片、鋪棉2片、裡布2片，縫份外加0.7cm，鋪棉不留縫份。

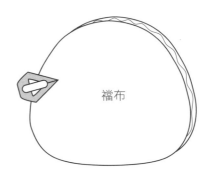

襯布

3 表布（前、後片）單獨＋鋪棉＋裡布三層燙好壓線，貼布縫圖案部分落針壓線，其餘依個人喜好壓直紋、橫紋或菱格並依圖示完成繡圖。

4 取側身表布、裡布、鋪棉及拉鍊各1片，側身裡布背面與鋪棉（無縫份）先進行疏縫，取拉鍊與側身表布正面相對，拉鍊背面與側身裡布正面相對，單邊對齊後，車合0.7cm縫份（自拉鍊銅片算起0.7cm為縫份）翻至正面，壓0.1cm裝飾線，接合拉鍊與側身作法請參考P.80。

另一端以相同作法接合，最後成一圈狀，將表布＋鋪棉＋裡布燙在一起，並壓線完成，需完成2組拉鍊側身布。將一組側身布0.7cm縫份記號線畫在表布正面，另一組側身布0.7cm縫份記號線畫在裡布正面，拉鍊的縫份記號線請畫在拉鍊布邊進來0.3cm處。

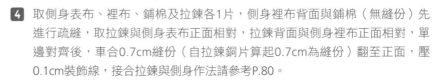

裡布

鋪棉

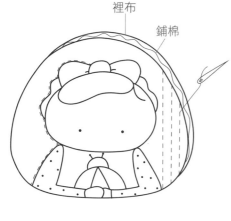

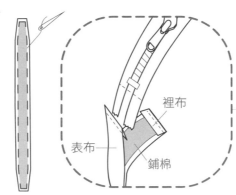

裡布

表布

鋪棉

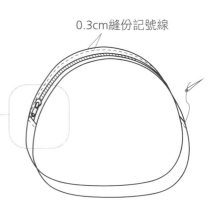

0.3cm縫份記號線

5 襠布2面均需畫上0.7cm縫份及中心記號線,先取一組
縫份記號線,畫在表布正面的側身布,正面朝外拉鍊
布邊需下移至襠布布邊約0.4cm處,對齊0.7cm縫份
記號線與襠布以回針縫或車縫方式固定整圈。

再取另一組縫份記號線畫在裡布正面的側身布,拉鍊
正面相對,表布朝內,裡布朝外,將縫份記號線對
齊,以回針縫或車縫方式縫合整圈,中間拉鍊襠布即
完成。

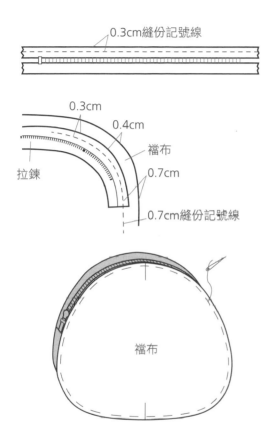

0.3cm縫份記號線

0.3cm
0.4cm
襠布
拉鍊
0.7cm
0.7cm縫份記號線

襠布

6 將前、後片表布與拉鍊襠布組合成袋,取前表布與單
邊拉鍊側邊布,正面相對,依縫份記號線縫合整圈,
後片表布亦與另一邊拉鍊側邊布正面相對,依縫份記
號線縫合整圈,自拉鍊開口處將正面翻出。

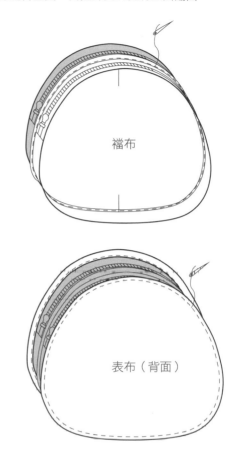

襠布

表布(背面)

7 裁剪裡布滾邊布條(布寬3.5cm),將滾邊縫份內摺
0.7cm,以藏針縫方式完成內包邊。

表布(背面)

8 兩側縫上D形環皮片,側背包即完成。

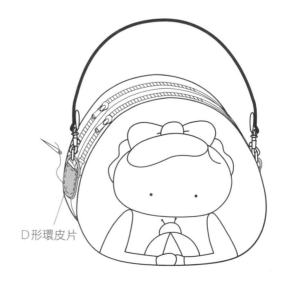

D形環皮片

P.49　大頭貼女孩零錢包

完成尺寸：14cm×11cm

★原寸紙型 B 面

31

材料

- 前、後表布 2 片
- 配色布 3 片
- 鋪棉 1 片
- 胚布 1 片
- 裡布 1 片
- 布襯 1 片
- 繡線（咖啡色）
- 拉鍊吊飾 1 個
- 12 cm 拉鍊 1 條

how to make ···

縫份說明：紙型為原寸，縫份請外加。

1 依紙型裁剪前、後片表布，前片表布依貼布縫順序
完成圖案貼布縫（縫份需外加）。

2 前、後片表布分別＋鋪棉（鋪棉不留縫份）＋胚
布，三層壓線（前片可依圖示落針壓線，後片可壓
圓形或直線），前片表布依圖示完成繡圖。

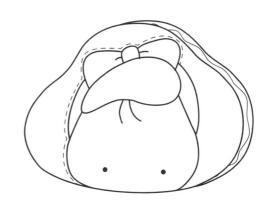

3 依紙型圖示裁剪前、後片裡布及布襯，裡布燙上布
襯（布襯不留縫份）。

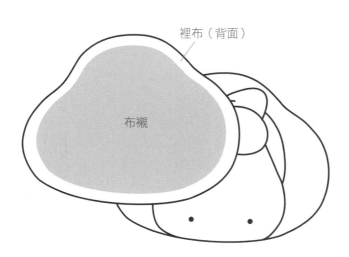

裡布（背面）

布襯

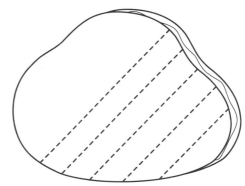

4 壓線完成的前、後片表布與燙襯完成的前、後片裡
布，分別前片表布與前片裡布正面相對，縫合一
圈，返口處不縫合。修剪縫份及牙口後，將表布正
面翻出，以藏針縫縫合返口，後片作法與前片相
同，請單獨完成前、後片表袋。

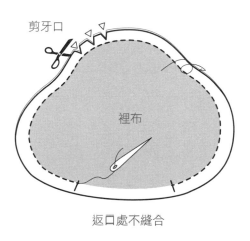

剪牙口

裡布

返口處不縫合

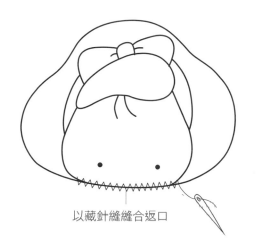

以藏針縫縫合返口

5 單獨完成的前、後片表袋找出拉鍊位置縫上拉鍊。
將前、後片表袋正面相對以捲針縫縫合至拉鍊起止
點即完成。

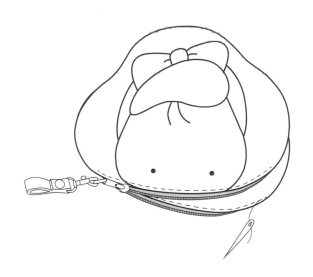

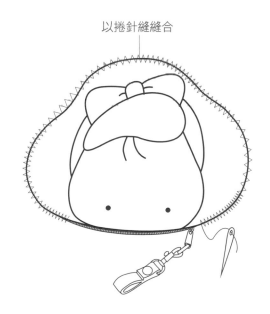

以捲針縫縫合

P.52　愛的小窩零錢包

完成尺寸：13cm×14cm

34

★原寸紙型 B 面

材料
- 前表布 2 片
- 後表布 2 片
- 配色布 11 片
- 鋪棉 1 片
- 胚布 1 片

- 裡布 1 片
- 布襯 1 片
- 繡線（咖啡色）
- 拉鍊裝飾釦組 1 組
- 10 cm 拉鍊 1 條

h_{ow} to make ••

縫份說明：紙型為原寸，縫份請外加。

1 依紙型裁剪前片表布a、b，表布b依貼布縫順序完成圖案貼布縫，表布a與表布b相接合成表布A。

2 前表布A＋鋪棉（鋪棉不留縫份）＋胚布，三層壓線（圖形部分全圖落針壓線，其餘可壓直紋、橫紋或斜紋），再依圖示完成繡圖。

b
a

表布A

表布A

3 依紙型裁剪前表布A（a+b）的裡布及布襯（布襯不留縫份），裡布燙上布襯。

4 前表布A與前片裡布正面相對，縫合整圈至返口，修剪縫份，轉折處剪牙口，從返口處將正面翻出，整燙後，縫合返口，完成前表袋A。

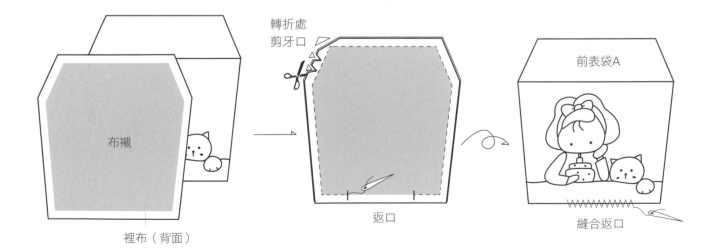

布襯

裡布（背面）

轉折處
剪牙口

返口

前表袋A

縫合返口

5 依紙型裁剪後表布c及d（後表布 B=c+d），分別＋鋪棉＋胚布三層 壓線，可依個人喜好壓直紋、橫紋 或斜紋。

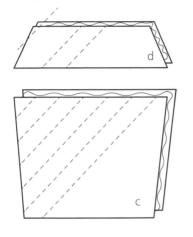

6 依紙型裁剪後表布c及d的裡布及布襯（布襯不留縫份），裡布燙上布襯。

後表布c與裡布c正面相對，縫合至返口，修剪縫份，轉折處剪牙口，從返口處將正面翻出，整燙後，縫合返口，後表布d作法相同。

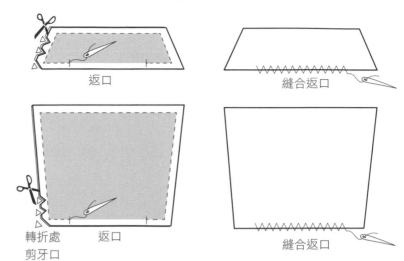

返口

縫合返口

轉折處 剪牙口

返口

縫合返口

7 將單獨完成的後表布c及d縫上拉鍊 完成一整片後表袋B。

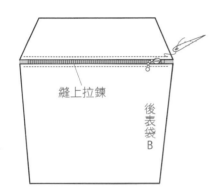

縫上拉鍊

後表袋B

8 前表袋A與後表袋B正面相對，以捲針縫縫合一圈， 從拉鍊處將正面翻出，拉鍊勾上小吊飾即完成。

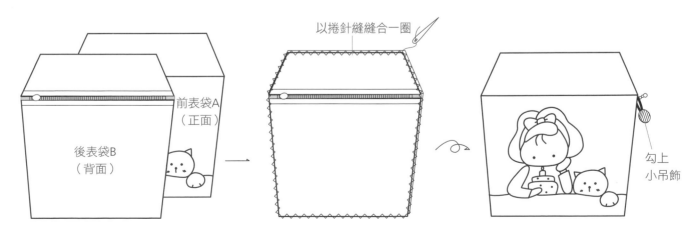

前表袋A （正面）

後表袋B （背面）

以捲針縫縫合一圈

勾上 小吊飾

P.60 百變女孩提式筆袋

完成尺寸：18.5cm×8cm×8cm

39

★原寸紙型 D 面

材料

- 袋身表布（a 至 e）5 片
- 貼布縫配色布 14 片
- 滾邊布 1 片
- 提把布 1 片
- 鋪棉 1 片

- 裡布（含內包邊布）1 片
- 25cm 拉鍊 1 條
- 繡線（咖啡色）
- 提把布襯 1 片

how to m**a**ke ·

縫份說明：紙型已含滾邊縫份，拼接布片及貼布縫布片縫份需外加。

1 依紙型裁剪a至e各色表布（布片接合的縫份請外加），裁剪各色貼布縫用布，並依圖示將圖案完成貼布縫，再將布片a至e組合成一片表布A。

2 表布A（縫份請倒向單側）＋鋪棉＋裡布，三層燙壓，貼布縫圖案全圖落針壓線，其餘可依個人喜好壓線條、斜紋、圓形，並依圖示完成繡圖。

3 兩側單獨完成0.7cm滾邊，完成拉鍊縫製。

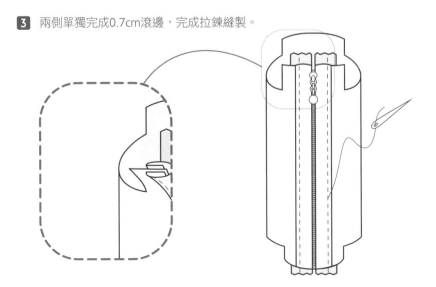

4 製作提把：提把布裁剪13.5cm×3.5cm2片，布襯12cm×2cm1片，取一片提把布燙上布襯，2片正面相對，兩側接合，正面翻出，整燙後兩側壓上0.1cm裝飾線，提把即完成。

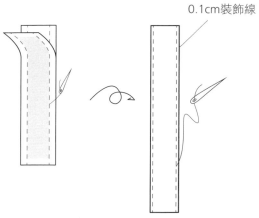

0.1cm裝飾線

5 依圖示提把位置，將提把固定其上，組合成袋，裁剪裡布滾邊布（布寬3.5cm），裡布縫份完成包邊即完成。

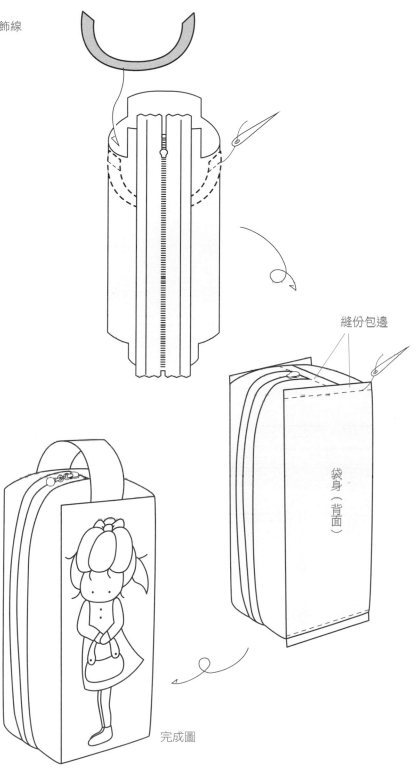

縫份包邊

袋身（背面）

完成圖

P.62　禮物壁飾

完成尺寸：91 cm×93 cm

材料

- 各色表布
- 拼接布片及各色貼布用布
- 後背布
- 鋪棉
- 滾邊布
- 繡線（咖啡色、米白色）
- 娃娃毛線頭髮

★原寸紙型 C 面

how to make ·····························

縫份說明：請參考P.73縫份小叮嚀。

1 依原寸紙型裁剪各色表布、拼接布片及各色貼布縫用布
（縫份請外加），表布依圖示貼布縫順序完成表布圖案。

原寸製圖

```
14        9    22          24            19        9      14
               y                z         z  1
          30        a    5   5    15          15
  31      30                        15          15        43
                                    k            l
               20                 15          15
  a 1          b           30                          d 1
               c    5   v     m            n
        13   4   13        22              8
  33    14  d  e   f  14
                          25                            d 1
               g    8   w                   30
  b 1
               18                   o      p           48
        27    11    4    15
  27          h         13   15
                        q         t    15             e 1
  c 1     30  i    5   x  2  r  s
              j    7   5      30         u   8         14
  14
```

91 cm（含1 cm滾邊尺寸）

93 cm（含1cm滾邊尺寸）

2 貼布縫完成的表布與拼接布片，依序組合成完整表布。

3 表布＋鋪棉＋後背布三層壓線，圖形部份全圖落針壓線，其他壓線可依個人喜好壓圓形，直紋，橫紋，斜紋或菱格，依圖示完成繡圖，並縫上娃娃頭髮。

4 完成 1 cm 滾邊縫製，壁飾即完成。

小提醒 壁飾掛耳部分請自行設計，可利用剩餘滾邊布料作耳掛，或以後背布剩料製作整條可穿式的口布，口布寬度以自有的伸縮桿可穿入大小為主。

拼布 **GARDEN** 15

shinnie の拼布禮物
40 件為你訂製的安心手作

作　　者／Shinnie

發 行 人／詹慶和

執行編輯‧文案設計／黃璟安

編　　輯／蔡毓玲‧劉蕙寧‧陳姿伶

執行美編／陳麗娜

美術編輯／周盈汝‧韓欣恬

攝　　影／MuseCat Photography 吳宇童

作法繪圖／9 點以後玩手作

紙型描繪／造極

出 版 者／雅書堂文化事業有限公司

發 行 者／雅書堂文化事業有限公司

郵政劃撥帳號／18225950

戶　　名／雅書堂文化事業有限公司

地　　址／新北市板橋區板新路 206 號 3 樓

電　　話／ (02)8952-4078

傳　　真／ (02)8952-4084

網　　址／ www.elegantbooks.com.tw

電子信箱／ elegant.books@msa.hinet.net

2021 年 3 月初版一刷　定價 520 元

經　　銷／易可數位行銷股份有限公司

地　　址／新北市新店區寶橋路 235 巷 6 弄 3 號 5 樓

電　　話／（02）8911-0825

傳　　真／（02）8911-0801

國家圖書館出版品預行編目資料

shinnie の拼布禮物：40 件為你訂製的安心手作 /
shinnie 著 . -- 初版 . -- 新北市：雅書堂文化事業
有限公司 , 2021.03
　　面；　公分 . -- (拼布 Garden；15)
ISBN 978-986-302-573-3(平裝)

1. 拼布藝術 2. 手工藝

426.7　　　　　　　　　　　109020599